U0171694

极地动物与热带动物

蓝灯童画 著绘

读者出版传媒股份有限公司
甘肃科学技术出版社

地球的最北端和最南端，分别是北极和南极。

那里降水稀少，又干又冷，常年被冰雪覆盖，只有部分动物能在这种恶劣的环境下生存。

幼年北极熊通体雪白，成年后毛色略微泛黄。

大多数北极熊幼崽会和妈
妈一起生活两年半时间。

北极熊是熊类中体形最大的，它们只在北极圈内的陆地和浮冰上生活。

虽然周围冰天雪地，北极熊有时仍会热到靠打滚来降温。一旦温度达到 10℃以上，它们就会觉得太热了。

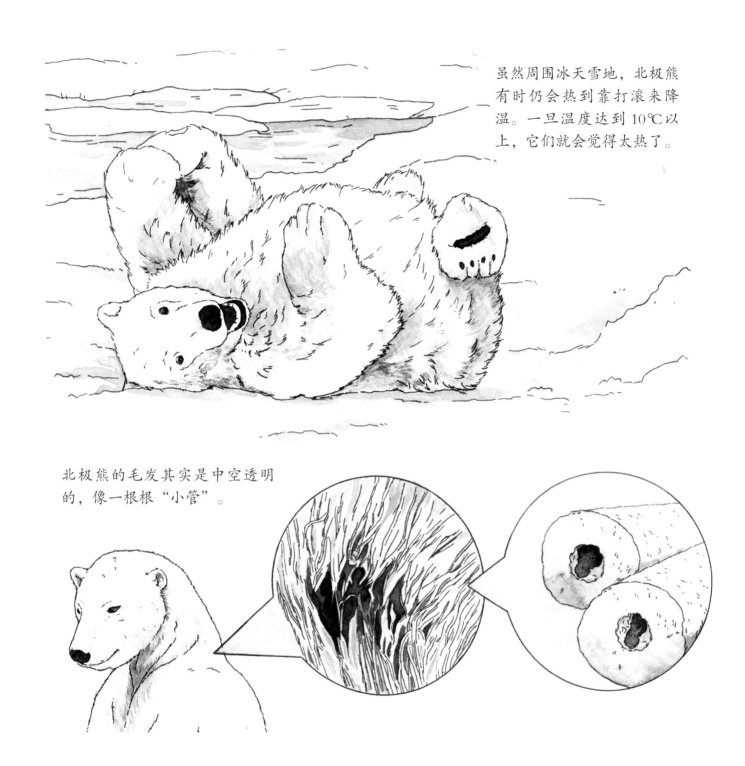

北极熊的毛发其实是中空透明的，像一根根"小管"。

北极熊中空的毛发、黝黑的皮肤以及皮肤下厚厚的脂肪层，都有助于吸热保暖，抵御严寒。

北极熊是游泳好手。它们用前爪划水，可潜入冰冷的海水里憋气两分钟。

行走时，北极熊的爪子像冰锥一样扎进冰里。

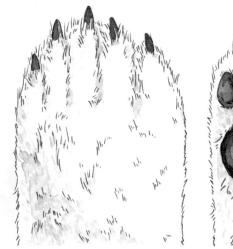

北极熊常在冰架边缘活动。

它们锋利的爪子、带毛的脚掌都能有效提升抓地和防滑能力。

北极熊的食物：

环斑海豹

一角鲸

海象

白鲸

为了节省体力，北极熊会在冰面凿洞，并一连几个小时守着，等海豹或其他猎物出水呼吸时捕获它们。

北极熊的听觉十分敏锐，对猎物的声音尤为敏感。

它们主要捕食环斑海豹，有时也会猎杀海象、白鲸等。在食物缺乏时，它们甚至会吃动物的腐肉。

雄海象拥有巨大的犬齿,这些长牙将近 1 米长,是威吓和打斗的有力武器。

海象的长牙是万能的"冰锥",不仅能凿开冰层,将身体挂在洞口呼吸、打盹,还能将自己拉出水面,拽到冰面上。

雄海象   雌海象

海象大部分时间在北极浅水域活动,身上厚厚的脂肪能帮助它们御寒保暖。海象不论雌雄都有长牙,不过雌性的较短一些。

海象游泳时会组成团，将小海象保护在中间。

海象用胡须在泥沙中搜寻食物。

别以为海象粉红色的皮肤是被晒伤了，这是动脉扩张将血液送至皮肤表面的结果。

海象能潜入水下 10~50 米，用胡须和口鼻摄取食物。
当沐浴阳光时，它们的皮肤就会变成粉红色。

与其他种类的雌鹿不同，雌性驯鹿是唯一长角的。
驯鹿的角每年都会脱落，然后再长出更大的。

驯化后的驯鹿既可以骑
乘，又可以拉货物。

野生驯鹿结群栖息在北极周边的苔原地带，以草、嫩枝叶以及地衣为食。
它们长着浓密的皮毛，角很大，像树枝一样。

北极狐会捕食鱼、鸟、北极兔等，不过它们最爱的还
是旅鼠。一旦发现旅鼠，它们就会高高跳起，砸向猎物。

夏天，北极狐背部的毛会
由白色变成棕黑色，腹部
呈浅灰色。

北极狐主要分布在北极冰原及周边苔原地带。

它们的毛色并不总是像雪一般白，为了隐藏和保护自己，北极狐会随季节
更迭变换毛色。

北极燕鸥尾巴分叉，模样很像燕子。

雪雁体力极好，连续飞行
10多周却只需休息9次。

北极燕鸥在喂食幼鸟。

北极天寒地冻，气候恶劣，却挡不住众多候鸟来此栖息繁衍。

北极海鹦的喙可容纳大量小鱼。每当
进食，它们就聚集在一起。

"V"字队形有助于雪雁利用前面成员拍动翅
膀带起的气流飞翔，节省体力。

北极燕鸥每年在北极和南极间迁徙，是地球上
迁徙距离最远的动物。

到了冬季，大量候鸟会向南飞去。

南迁时，雪雁会在空中排成"V"字形。

为加快行进速度，企鹅有时会腹部着地，像雪橇一般在冰雪上滑行。

企鹅最喜欢吃鱼，也会捕食磷虾和鱿鱼。

企鹅浓密防水的羽毛"外套"和厚实的皮下脂肪有利于保存体内热量，隔绝寒冷。

　　企鹅长着小短腿，身材胖乎乎的，走起路来摇摇摆摆。

　　别看它们样子笨笨的，在水中可是敏捷的泳者，能通过拍动扁平的两翼潜到水下 200 多米捕捉猎物。

帝企鹅：企鹅家族中体形最大的。

巴布亚企鹅：企鹅家族中游速最快的。

白颊黄眉企鹅：企鹅家族中的羽冠企鹅代表。

小蓝企鹅：企鹅家族中体形最小的。

加岛环企鹅：企鹅家族中生活最靠北边的（刚好在赤道以南）。

为什么北极熊不吃企鹅？

企鹅的种类很多，但都生活在南半球。

所以只在北极生活的北极熊永远都不可能和企鹅自然相遇。

雌性帝企鹅在繁殖期产下一枚蛋后，会将它交予雄性帝企鹅。

雄企鹅把蛋夹在双脚和腹部之间的育儿袋里，不吃不喝地小心呵护。

在此期间，雌企鹅则外出觅食，大约花上两个月，吃下尽可能多的鱼。

企鹅家族中唯有帝企鹅选择在南极的冬季产卵育儿。
雄性帝企鹅会和雌性帝企鹅一起抚育幼鸟。

帝企鹅脸朝里躲避寒风，轮流停在最温暖的中间位置。

雌企鹅回来后会与家人团聚，喂养幼鸟。

雄企鹅则奔向大海觅食。

面对严寒，成群的帝企鹅有时会躲到冰崖后面避风。
帝企鹅和它们的幼鸟会成群挤在一起御寒。

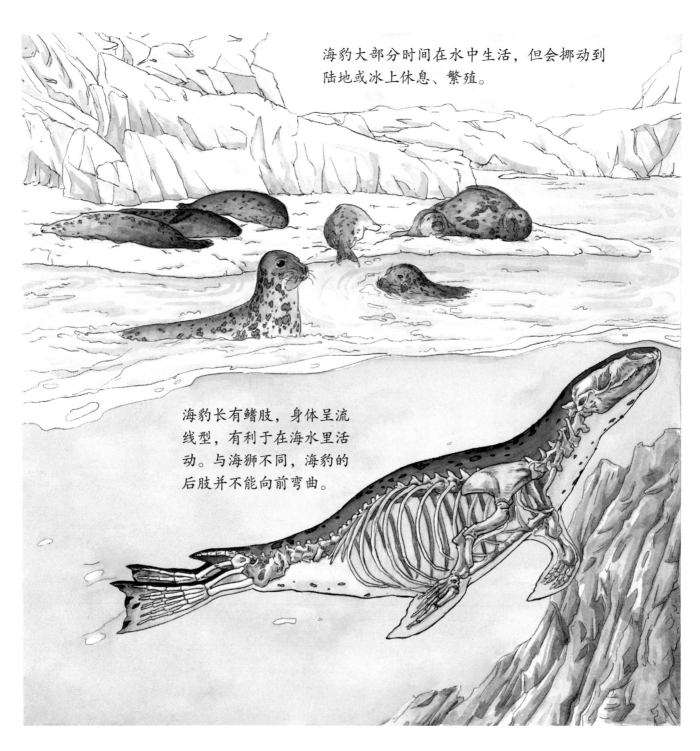

海豹大部分时间在水中生活，但会挪动到陆地或冰上休息、繁殖。

海豹长有鳍肢，身体呈流线型，有利于在海水里活动。与海狮不同，海豹的后肢并不能向前弯曲。

海豹种类繁多，南北半球均有分布，南极大陆尤为常见。它们头部圆圆的，憨态可掬。

豹形海豹牙齿锋利，主要以鱼类、鱿鱼等为食，偶尔也会捕杀企鹅。

和其他海豹一样，豹形海豹在潜水时能关闭耳道和鼻孔。

豹形海豹主要栖息在南极大陆边缘海域及周边地区。

它们在陆地上行动缓慢，到了水中却灵活自如。

究竟哪只才是海豹呢?

海狮有一对外露的小耳朵,
而海豹只有耳洞。

海狮

海豹

海狮脖子明显比海豹细长得多。

海豹

海狮

海狮和海豹有许多相同的习性,模样也差不多,以至于常常有人将它们混淆。

海狮的前肢长而光滑，没有爪子；
海豹前肢短而有毛，爪子锋利。

海狮

海狮

海豹

海狮靠宽大的前肢游泳，大多数
海豹则利用后肢摆动获得推力。

海狮

海豹

海狮

海豹

海狮可直立上半身在陆地行走，而海豹
只能肚皮着地，像虫子一样慢慢蠕动。

海狮

海豹

事实上，无论是体表特征，还是运动形态，海狮和海豹都有明显的区别。

漂泊信天翁是世界上最大的海鸟，它的翼展可达 3.5 米。它们擅长飞翔，能在 12 天内飞行 6000 千米。

褐贼鸥会偷食其他鸟类的蛋，甚至捕食幼鸟。

秋风渐起，天气转凉，南半球越来越冷了。

漂泊信天翁的繁殖速度很慢，大约每两年产一枚卵。

夏季，褐贼鸥在南冰洋岛屿的岩石地带产卵，凶悍地守护巢穴，防范入侵。

漂泊信天翁、褐贼鸥等鸟类又将启程前往温暖的北方。

热带丛林横贯整个赤道地区，拥有丰富的物种资源。

这里气候炎热，降水充足，为动植物提供了绝佳的生长条件。

　　老虎是典型的山地林栖动物，其毛色纹理能完美地融入丛林环境。这种伪装可以有效地帮助它们潜伏捕猎。

老虎是所有现存猫科动物中体型最大的，会发出"嗷呜"的吼叫声。它们的食量可大了，一次可以吃几十千克的肉！

猫科动物都吃肉，它们锋利的牙齿和爪子能把猎物的肉撕裂。

老虎的舌头长满了"刺"，有助于啃食猎物。

老虎是丛林里危险的猎手。它和猫同属于猫科动物，个头却比猫大得多，是只凶猛的"大猫"！

出生时，穿山甲的鳞片是柔软的，之后会渐渐变硬。

穿山甲妈妈会驮着幼崽外出觅食，直至它们长大。

穿山甲没有牙齿，遭遇危险时会蜷缩成一个"球"，用坚硬的鳞片抵御攻击。

穿山甲身上披着"盔甲"，是世界上唯一有鳞片的哺乳动物。它的鳞片成分和人类指甲一样，主要由角蛋白构成。

穿山甲用尖尖的爪子挖开蚁穴，再用细长的舌头舔舐白蚁或蚂蚁。
它们的舌头可长了，甚至比身体还长。

穿山甲的主要食物是白蚁，它们会在夜晚外出觅食，是优秀的"剿蚁能手"。

雄孔雀的尾屏其实是从背部开始生长出来的尾上覆羽，而非尾巴。尾屏上的眼状斑可以帮助它吸引雌孔雀。

雄孔雀

雌孔雀

雄孔雀艳丽的尾上覆羽有 100~150 根，每根可达 1.5 米。

雌孔雀会选择尾上覆羽更长、眼状斑更多的雄孔雀作为配偶。

　　求偶时，雄孔雀会向异性展示自己漂亮的羽毛，同时羽毛抖动所发出的声响也会引起雌孔雀的注意。

蓝孔雀

绿孔雀

绿孔雀现存数量非常稀少，已被世
界自然保护联盟列为濒危物种。

　　绿孔雀的体形比蓝孔雀更大。雄孔雀除了胸颈部羽毛及脸颊处羽毛颜色与
雌孔雀不一样外，它们的羽冠形状也大不相同。

类人猿分为大型类人猿和小型类人猿。

黑猩猩是类人猿中的一种，通常四肢着地行走，有 98% 的基因和人类相似。

与绝大多数猴类不同，猿是没有尾巴的。这些外貌、举动和人类很像的动物叫类人猿。它们大多是天生的攀爬能手，可利用灵活的手臂在林间荡来荡去。

黑猩猩群居，群体中的成员常一起互相梳
理、清洁毛发。

幼年时，黑猩猩会和妈
妈一起生活到 8 岁。

　　黑猩猩普遍分布在非洲中西部的热带丛林里。它们有组织严密的社会结构，
成员数量一般为 20~50 只。

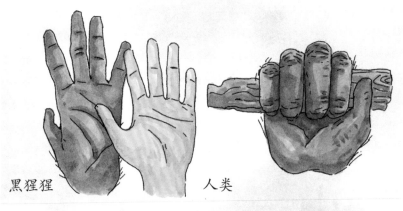

黑猩猩 人类

黑猩猩有像人类一样的对生拇指，可以抓握和使用工具。

黑猩猩懂得制作和使用工具，能用石头砸开坚果。

还会把树枝插进蚁穴，捕食白蚁。

黑猩猩是极为聪明的动物，也是少数会使用工具的动物之一。

黑猩猩的面部表情

沉思　　　　　　感兴趣　　　　　　高兴　　　　　　愤怒

同人类一样，黑猩猩也会通过面部表情、声音和动作与同伴交流。

变色龙的长尾巴和脚趾都有助于它们牢牢地趴在树枝上。变色龙舌头长而黏滑，且伸出舌头的速度极快，是捕食昆虫的利器。

变色龙的眼睛能独立旋转，分别看向两个不同的方向。

世界上有几乎一半的变色龙物种分布在马达加斯加。

豹变色龙体色鲜艳，能变化出彩虹般的绚烂颜色。

雄性变色龙用明亮的色彩向外界传递自己兴奋的情绪，以此威吓其他雄性，吸引雌性。

变色龙能将体色变得与周围环境相似。

这种伪装既有利于隐藏自己，又有利于捕捉猎物。

变色龙皮肤里的色素细胞能在大脑的指挥下，改变皮肤的颜色。

水豚是世界上最大的啮齿动物，主要生活在靠近水源的地区，体长可达 1.3 米。

水豚上颌和下颌分别长着两颗又大
又有力的门齿，尾巴已经退化。

快看！那只露着四颗大门牙的动物是什么？

它们体形大大的，看上去像兔子，又像老鼠，身后却没有尾巴。

雌水豚通常每年产一胎，约5只幼崽。

水豚游泳时常将鼻、眼、耳露出水面。遭遇危险时，它们会立刻潜入水中躲避。

水豚前足四趾，后足三趾，趾间有蹼，适合划水。

同多数啮齿动物一样，水豚也拥有很强的繁殖能力。

它们擅长游泳和潜水，是水中健将。

翡翠树蚺会在白天休息，夜间猎食。
它们头朝下缠绕在树枝上，随时准备伏击猎物。

蚺是卵胎生动物，即在体内将卵孵化好后，直接生出小蛇。翡翠树蚺的幼蛇不一定是绿色的，也可能是红色或黄色的。

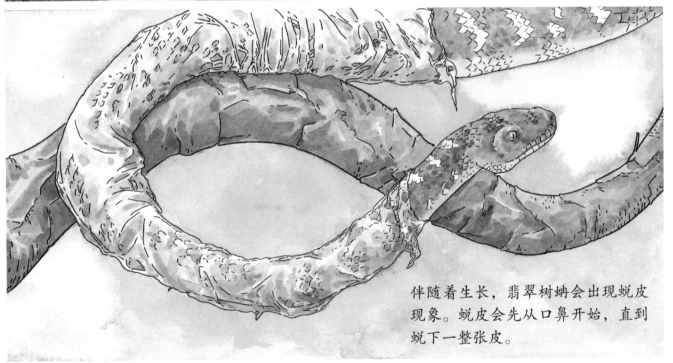

伴随着生长，翡翠树蚺会出现蜕皮现象。蜕皮会先从口鼻开始，直到蜕下一整张皮。

翡翠树蚺（rán）浑身翠绿，背上有着闪电状的斑纹，在树枝上生活。

绿水蚺是世界上体型最大的蟒蛇之一，体长可达 10 米。它们会先缠住猎物并将其拖入水中，再整个吞下。

蟒蛇的下颌能张得很开，便于吞食猎物。

蟒蛇的视觉和听觉都很差，它们靠舌头分辨气味，追踪猎物。

蟒蛇的头部结构特殊，能吞下比自己还大的猎物。

吸蜜蜂鸟是地球上最小的鸟类之一，它们体长只有
5~6厘米，体重约2克。下的蛋就更小了，只有6毫米。

雌鸟

雄鸟

蜂鸟尖长的喙像一根吸管，
方便伸入花中吸食花蜜。

雌鸟的个头要比雄鸟大。繁殖季来临
时，雄鸟的头部和颈部会长出闪耀着
金属光泽的七彩羽毛，利于吸引雌性。

蜂鸟有很多种类，多分布于美洲。它们不光吸食花蜜，还捕食昆虫。

小型蜂鸟的振翅速度每秒约有70次，其中吸蜜蜂鸟在求爱表演中的振翅速度可达到每秒200次！

悬停飞行

蜂鸟是唯一可以悬停和向后飞行的鸟类。

向后飞行

蜂鸟是个出色的飞行家，不仅能在空中悬停，还能向后倒着飞行。

毛状羽：具有感官功能。

绒羽：柔软蓬松，可保暖。

正羽：包括飞羽和尾羽，使鸟拥有流线型的光滑、防风表层。

飞羽：长而坚硬，利于飞行。

金刚鹦鹉的寿命很长，感情专一，会与另一半相伴终生。

尾羽：在飞行时帮助控制方向。

金刚鹦鹉色彩鲜艳，常成群结队出现。它们的体形是所有鹦鹉中最大的，其中红绿金刚鹦鹉的体长可达 90 厘米。

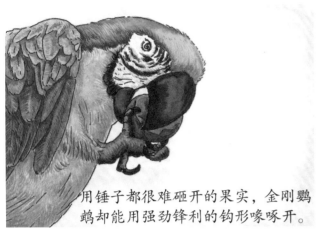

用锤子都很难砸开的果实，金刚鹦鹉却能用强劲锋利的钩形喙啄开。

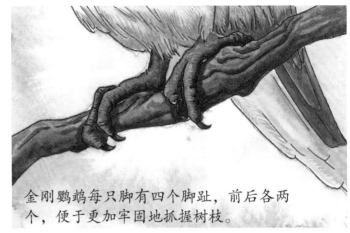

金刚鹦鹉每只脚有四个脚趾，前后各两个，便于更加牢固地抓握树枝。

金刚鹦鹉以浆果、坚果、种子等为食。它们亮丽的羽毛为这片绿色丛林增添了别样色彩。

奇特的茎叶

美丽的花草

植物的馈赠

不一样的植物

史前动物与身边动物

沙漠动物与水中动物

极地动物与热带动物

地上和地下的动物王国

汽车飞机跑得快

轮船列车肚量大

工程机械好帮手

让一让城市作业车

花样主食和糕点

蔬菜水果要多吃

肉类水产营养多

大豆和调味品的秘密

海洋生物大揭秘

另类海洋生物

海底宝藏探秘

不可捉摸的海洋

奇妙的身体和衣服

身边的科学

物品哪里来

神奇电器仿生学

神奇的地球

善变的地球

地球和恒星

从银河系到宇宙

图书在版编目（CIP）数据

极地动物与热带动物 / 蓝灯童画著绘 . —— 兰州 :
甘肃科学技术出版社 , 2021.4
ISBN 978-7-5424-2821-9

Ⅰ . ①极… Ⅱ . ①蓝… Ⅲ . ①动物 – 普及读物 Ⅳ .
① Q95–49

中国版本图书馆 CIP 数据核字 (2021) 第 061707 号

JIDI DONGWU YU REDAI DONGWU
极地动物与热带动物

蓝灯童画 著绘

项目团队 星图说
责任编辑 宋学娟
封面设计 吕宜昌

出　版　甘肃科学技术出版社
社　址　兰州市城关区曹家巷1号新闻出版大厦　730030
网　址　www.gskejipress.com
电　话　0931-8125103 （编辑部） 0931-8773237 （发行部）

发　行　甘肃科学技术出版社　　　印　刷　天津博海升印刷有限公司
开　本　889mm × 1082mm　1/16　　印　张　3.5　　字　数　24千
版　次　2021年10月第1版
印　次　2021年10月第1次印刷
书　号　ISBN 978-7-5424-2821-9　　定　价　58.00元